AF499853

SECTION DE MARSEILLE, DITE DE MARAT.

DISCOURS prononcé par un des jeunes gens de la première réquisition, en présentant à l'Assemblée Générale de la Section, tous les officiers qu'ils s'étoient choisis, conformément à la Loi.

CITOYENS,

La Patrie étoit en danger, nos Représentans ont pris de grandes mesures, elles étoient dignes de nous, tous nos cœurs les demandoient. Des torrens d'esclaves armés se précipitoient sur la France, en un instant elle s'est couverte de fer & de soldats. Mais nos malheurs n'étoient pas encore à leur terme, & nous devions apprendre le même jour de funestes nouvelles des rives de la Loire, de l'Escaut & du Rhin. Il y auroit de la lâcheté à nous dissimuler nos revers, quelque grands qu'ils soient, la liberté nous a faits plus grands qu'eux; vainement deux cent mille esclaves, indifférents par ignorance, féroces par stupidité, foulent insolemment aujourd'hui le sol de la France, on ne verra bientôt qu'à leurs cadavres sanglans qu'il en fut profané. Ils sont près de nous, nous les aurons plutôt atteints; plaignons leur imprudence, ils se sont approchés d'un volcan dont l'éruption va tous les dévorer. Ne nous affligeons donc pas de quelques revers, de quelques trahisons, il faut les effacer par des victoires; ils nous servent peut-être; ils nous ont réveillé de ce funeste assoupissement, de ce sommeil dangereux, avant-coureur de l'esclavage; ils nous ont appris qu'il est temps d'écraser des ennemis forts de notre foiblesse & de notre inertie. Non, non, ne pleurons point ces revers, ils ont servi l'humanité. S'il se trouve encore un peuple qui frémisse des chaînes dont il est accablé, qui pense encore à la dignité de l'homme, quand il saura que des millions de français s'arrachent à des familles chéries, abandonnent leurs biens & des plaisirs d'une vie tranquille, volent aux honneurs des combats, combien la liberté leur paroîtra plus belle, par ce que nous faisons pour la conquérir...?

Mais que dis-je ! nous n'avons rien fait encore : l'airain tonne depuis long-temps, l'orage grossit de jour en jour ; *marchons* ; nous vous le demandons, nous n'attendons que le signal; nous sommes prêts; nous avons des officiers dignes de la cause auguste qu'ils vont défendre. Les talens & le patriotisme avoient droit à nos suffrages, ils les ont mérités. L'intrigue, l'esprit de parti, n'habitent point dans nos jeunes cœurs; celui de l'intriguant est froid, les nôtres sont brûlants; la franchise est leur appanage, la liberté leur Dieu : eh ! à qui seroit-elle chère, si ce n'est à ceux qui peuvent & la défendre mieux & en jouir plus long-temps? C'est pour la servir utilement que nous les avons investis de notre confiance. Il étoit bien honorable pour eux d'avoir été nommés, d'après toutes les formalités prescrites par la Loi; mais qu'il fut encore plus flatteur pour eux de nous avoir vus dans une seconde Assemblée Générale, après les avoir passés individuellement au scrutin épuratoire, avec invitation à tous les citoyens de dénoncer s'il s'en trouvoit, ceux dont le patriotisme mensonger nous auroit abusés. Dans un premier moment d'effervescence; qu'il fut flateur pour eux, dis-je, de nous avoir vus leur réitérer nos premiers sentimens, & confirmer ce choix à l'unanimité des suffrages! Nous le communiquons encore à tous nos concitoyens, il est trop beau pour ne pas nous en honorer. Embrassez-les : pères de famille, ils viennent vous jurer que si vous marchez aux ennemis, ce ne sera que sur nos cadavres, & qu'il n'est qu'un traité entre nous & les tyrans, la mort.

EXTRAIT du registre des délibérations de l'Assemblée des jeunes gens de la première réquisition de la Section de Marseille & Marat.

Séance du 26 Septembre 1793, l'an 2e de la République une et indivisible, et 1er de la mort du tyran.

L'Assemblée arrête, sur la motion d'un de ses membres, qu'un des secrétaires fera lecture des procès-verbaux de chaque compagnie, relativement à la nomination des officiers ; & qu'ils pafferont tous à la cenfure individuelle. Le préfident invite tous les citoyens préfents qui auroient des dénonciations à faire contre les officiers, à les faire fur le champ. De fuite on paffe à la lecture des procès-verbaux, tous les officiers font unanimement confirmés, fans réclamations.

L'Affemblée, par fuite à cette opération, arrête que les citoyens Ducellier, Lefur & Larmé fe tranfporteront ce foir à l'Affemblée Génerale de la Section, pour lui communiquer le réfultat de fes opérations.

DUCELLIER, Vice-préfident de l'Affemblée des jeunes gens.

LESUR, Secrétaire de ladite Affemblée.

EXTRAIT du regiftre des délibérations de l'Affemblée Générale de la Section de Marfeille, dite de Marat.

Séance du 26 Septembre 1793, l'an 2e. de la République une & indivifible.

UNE députation des jeunes gens de la première réquifition demande la parole, le préfident la lui accorde. Le citoyen Lefur, au nom de fes frères d'armes, prononce un discours dans lequel il témoigne à l'affemblée le defir de voler aux frontières, & celui de voir la nomination des officiers qu'ils avoient choifis, approuvée par tous leurs concitoyens. L'orateur lit enfuite un arrêté de l'Affemblée des jeunes gens, tendant à faire paffer au fcrutin, épuratoire devant toutes les compagnies, les officiers de chacune d'elles, & le procès-verbal qui conftate que ladite opération a eu lieu, & que tous les officiers ont paffés à la cenfure individuellement, & qu'ils ont tous été confirmés fans réclamation.

L'Affemblée, lecture faite du difcours & du procès-verbal, arrête, fur la motion d'un de fes membres, qu'ils feront imprimés, affichés & communiqués aux quarante-fept autres fections, aux fociétés populaires & à la Convention.

Les citoyens Plaffan & Mérigot, difputant de patriotifme & de générofité, offrent à l'Affemblée d'en faire l'impreffion à leurs frais & dépens.

L'Assemblée, pénétrée de reconnoissance, accepte l'offre des citoyens Plassan & Mérigot.

Un membre demande qu'il soit fait mention honorable du civisme des jeunes gens de la section, au procès-verbal, & que l'Assemblée déclare qu'elle approuve & confirme entièrement & sans exception la nomination des officiers & sous-officiers, qui entrent dans la formation des compagnies.

L'Assemblée déclare qu'elle est satisfaite de la conduite des jeunes gens de la première réquisition, & qu'elle approuve & confirme toutes les nominations des officiers & sous-officiers faites par eux, sans exception.

Pour extrait conforme.

ROUSSILLON, Président,

LAMBERT, Secrétaire.

L'ÉCRIVAIN, Vice-Secrétaire.

De l'Imprimerie de PLASSAN, Imprimeur-Libraire, rue du Cimetière Saint-André-des-Arts, N°. 10.

www.ingramcontent.com/pod-product-compliance
Ingram Content Group UK Ltd.
Pitfield, Milton Keynes, MK11 3LW, UK
UKHW012314240726
13966UKWH00005B/1866